RAPPORT

SUR L'ÉTAT SANITAIRE ET MÉDICAL

DES TRAVAILLEURS ET DES ÉTABLISSEMENTS

Du Canal maritime de l'Isthme de Suez

Du 1er août 1865 au 1er juin 1866

PAR LE DOCTEUR AUBERT-ROCHE

Médecin en chef de la Compagnie.

PARIS

IMPRIMERIE CENTRALE DES CHEMINS DE FER

A. CHAIX ET Cie

RUE BERGÈRE, 20, PRÈS DU BOULEVARD MONTMARTRE.

1866

RAPPORT

SUR

L'ÉTAT SANITAIRE ET MÉDICAL

DES TRAVAILLEURS,

ET

Des établissements du Canal maritime de l'isthme de Suez
du 1er août 1865 au 1er juin 1866.

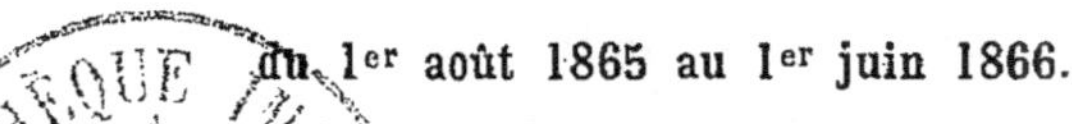

Ismaïlia, 25 juin.

Monsieur le Président,

Cette année (1865-1866) a été pour la santé de l'isthme une dure épreuve. A peine vous avais-je remis mon rapport annuel sur l'année 1864–1865, que le choléra est venu s'abattre sur l'isthme, le décimer et désorganiser momentanément nos chantiers.

J'ai eu l'honneur de vous adresser un rapport spécial sur cette épidémie qui, le 1er août, avait disparu. Au point de vue des travaux et de l'entreprise, cette épidémie a donné un singulier résultat : loin d'avoir été une cause de diminution dans le nombre des ouvriers, le choléra a été favorable à l'augmentation de la population. Le départ des travailleurs a été un mode de propagande ou plutôt de recrutement; la plupart sont revenus et ont amené avec eux une quantité d'autres ouvriers. Cette cause, réunie à d'autres appels, a porté le chiffre des travailleurs au double de l'année dernière. L'isthme a vu sa population augmenter de 10,000 à 18,800. On ne peut que se féliciter de cet accroissement qui a permis de donner aux travaux une impulsion plus active; mais il s'est présenté des circonstances qui auraient pu faire, de cette position favorable pour le travail, une cause de danger pour la santé publique et qui ont été le point de départ d'une modification dans l'état sanitaire de l'isthme.

CAUSES GÉNÉRALES.

La principale cause, celle qui a eu le plus d'action sur l'état de la santé, a été la suite de l'épidémie de choléra, qui a sévi pendant les mois de juin et juillet 1865. On sait que, quand une localité a été ravagée par une épidémie, cette localité est souvent dangereuse pour les hommes nouveaux, et qu'ils y subissent l'influence de l'épidémie passée; il était donc à craindre que les nouveaux arrivants dans l'isthme ne fussent soumis à cette loi. Cela était d'autant plus à redouter que, le plus grand nombre venant d'un climat différent, une nouvelle épidémie pouvait éclater. Heureusement le fait n'a pas eu lieu. Toutefois, nous attribuons aux influences épidémiques de l'année dernière les cas assez nombreux de fièvre algide qui se sont produits çà et là parmi nos travailleurs.

Quelques cas isolés de choléra se sont aussi manifestés vers la fin de mai dernier, en même temps qu'à Suez et sur les bâtiments en rade. A ce moment une recrudescence épidémique avait lieu à Djedda, Jambo et sur divers points de la mer Rouge : c'était la fin du pèlerinage ; il semblait qu'un courant cholérique venant de la mer Rouge nous menaçait, et je crois que l'isthme et l'Égypte ont échappé au danger d'une épidémie nouvelle en empêchant le débarquement des derniers pèlerins et la formation de foyers d'infection.

L'augmentation de la population a donc été un péril que nous avons évité par des précautions prises et des moyens employés pour mettre nos travailleurs dans les meilleures conditions possibles de bien-être et de salubrité. La commission sanitaire, envoyée par le gouvernement de S. A., sur la demande de l'intendance sanitaire, a pu constater la salubrité de l'isthme et déclarer hautement qu'il n'y avait pas en Égypte un pays plus salubre et où les travailleurs fussent mieux traités.

Une cause déjà signalée dans nos rapports antécédents comme ayant une action déplorable sur la santé des ouvriers arrivant d'Europe, c'est leur âpreté au gain : ils ne veulent rien ou presque rien dépenser, soit pour se nourrir, soit pour se couvrir même la nuit. Ils travaillent avec ardeur, usent leurs forces et ne les réparent pas. Ils s'exposent à toutes les intempéries et sont, par conséquent, plus sujets que tous les autres à contracter, non-seulement les maladies régnantes, mais encore des maladies toutes personnelles, dues à l'état d'affaiblissement dans lequel ils se trouvent.

Nous avons fait tout ce qu'il était possible pour les convaincre; ils savent que le régime qu'ils suivent est des plus nuisibles : ils aiment mieux risquer leur santé et garder leur argent.

Presque toutes les dyssenteries, les maladies intestinales et les affections graves ont pour point de départ cette avidité.

Une autre circonstance qui a la plus grande influence sur l'état de la santé et que l'on sera peut-être étonné de voir figurer ici : c'est la liberté.

L'isthme est une conquête de la civilisation ; il n'y a plus de désert : il y a sur une ligne de 160 kilomètres une population de 18,800 hommes, travailleurs, commerçants, qui consomment et produisent; il y a une société qui se régit et comme elle veut et comme elle l'entend. Si la Compagnie a construit force maisons, les particuliers de leur côté agissent de même; des magasins, des hôtels de toute nature sont ouverts; on loge, on vend, on achète. Chacun est libre, et c'est à cette liberté qu'est dû le développement rapide de nos établissements.

Lorsque la Compagnie était obligée de faire exécuter ses travaux soit en régie, soit par elle-même, elle devait avoir ses maisons, ses ateliers, ses ouvriers, etc., etc.; elle pouvait faire tout surveiller, prendre toute mesure qu'elle jugeait utile à la santé publique, elle pouvait n'accepter sur les chantiers et dans les établissements que des individus valides et pouvant lui rendre des services. Avec le régime de la liberté et les travaux ayant été donnés à des entrepreneurs, elle ne peut plus exercer une surveillance aussi directe, chacun est libre de faire, d'aller et de venir, d'apporter les marchandises et les objets de consommation qui lui conviennent, salubres ou insalubres, bons ou mauvais, c'est au public acheteur à en faire justice.

La Compagnie n'a d'action qu'au point de vue général, lorsqu'il y a atteinte grave portée à la santé publique et à la salubrité. De même qu'elle ne peut arrêter les denrées frelatées, elle ne peut empêcher d'arriver dans l'isthme les individus non valides qui viennent pour gagner leur vie et qui, souvent, fatigués, usés par la maladie succombent avec rapidité.

Ce défaut d'action directe inhérent à la liberté même a eu un effet sensible sur l'état général et particulier de la santé. Nous sommes loin, du reste, de nous en plaindre, nous signalons seulement le fait. Si la liberté dans l'isthme a quelques inconvénients, les avantages qu'elle procure et qu'elle donne chaque jour, sont tellement grands et d'une telle valeur, qu'il faut bien, ainsi que vous le recommandez continuellement, se garder d'y toucher sous prétexte de réglementation.

Ainsi l'augmentation de la population, le désir d'acquérir par le travail, et la liberté, trois faits excellents en eux-mêmes et des plus favorables à l'œuvre du canal, se sont trouvés avoir une influence marquée sur l'état de la santé. Du reste, cette influence, je m'empresse de le consigner ici, n'a été fâcheuse que relativement aux années précédentes, car la mortalité dans l'isthme, malgré toutes les causes générales et particulières qui ont pu lui porter atteinte, a été égale à celle des contrées les plus belles et les plus salubres de la France.

On ne peut désirer plus, mais l'état exceptionnel de la santé dans l'isthme avait été tellement favorable jusqu'à présent que la moindre atteinte nous rend très-exigeants.

ÉTAT SANITAIRE ET MÉDICAL.

L'année dernière, dans notre rapport, nous nous sommes étendu sur l'état sanitaire et médical des divers chantiers de l'isthme, divisés en circonscriptions médicales pour la facilité et la régularité du service. Peu de chose a été changé, seulement les localités et les chantiers ont pris plus d'extension, les travaux plus d'activité ; nous ne signalerons donc ici que les faits nouveaux qui ont pu se produire et qui méritent de fixer l'attention.

Port-Saïd. — Cette circonscription a vu sa population augmenter de près de 2,000 individus environ, sans parler de la population flottante, qui est nombreuse, Port-Saïd étant le lieu d'arrivage et de débarquement pour l'isthme. Des habitations nouvelles se sont élevées, les chantiers de construction de dragues et machines ont pris une très-grande extension; le port s'agrandit et s'approfondit, la jetée s'allonge, le commerce s'est établi; on importe les objets nécessaires à la consommation et même le superflu. Port-Saïd est devenu une ville.

Nous n'avons pas remarqué que les travaux d'atelier et de dragage aient eu une action particulière sur la santé, seulement les accidents dus aux machines ont été plus nombreux et en raison directe de l'activité qui règne sur les travaux.

Un fait mérite cependant d'être signalé.

On sait avec quelle insistance nous réclamions l'exhaussement des terrains, ce qui a eu lieu par des remblais provenant des dragages du port; c'est un moyen certain d'assainissement complet de la ville et dont nous avons déjà éprouvé les bons effets sur les parties remblayées. On assure ainsi la propreté de la ville ; le terrain étant uniforme, il ne se forme plus de cloaques et le nettoyage est facile. La Compagnie met toute son activité pour arriver à ce résultat. Malheureusement, les dragues qui fournissent les terres de remblai ont rencontré un sol noir et vaseux, produits du lac et de dépôts de limon du Nil.

Cette vase a été versée sur le sol où elle s'est conso-
lidée, mais les habitations situées à proximité de ces
déblais n'ont pas tardé à en ressentir l'influence, et,
tandis que partout ailleurs la santé était parfaite,
dans ces habitations les individus éprouvaient des
malaises, et des affections intestinales se manifestaient. Il y eut plusieurs cas de fièvres intermittentes.
L'influence des vases a été bien sensible ; des précautions ont été prises, et le changement de saison a
fait raison de cette atteinte portée à la belle santé de
la ville.

La surveillance des approvisionnements est difficile.
Comment arriver à un examen quelconque au mi-
lieu d'une population marchande aussi nombreuse et
avec la liberté commerciale ? C'est presque impossible.
Nous avons cependant obtenu un résultat pour le pain,
la viande et autres objets de consommation exposés
en vente. Une sévère surveillance est surtout exercée
sur les deux premiers objets de consommation. On
ne peut abattre les bêtes qu'à l'abattoir, où elles sont
visitées. Pour le pain, l'autorité égyptienne veille à
ce qu'il soit de bonne qualité ; du reste, le public est
intéressé lui-même à ne pas être empoisonné. Quant
au vin, il est généralement naturel, attendu qu'il y
aurait peu d'avantage à en faire venir de frelaté.
Le transport et la chaleur en feraient justice. Pour
cette boisson, comme pour les liqueurs fortes, chacun
fait lui-même sa police, seulement il y en a qui se
livrent à des vérifications un peu trop fréquentes.

Quoi qu'il en soit, malgré les légères atteintes faites à la santé, malgré les circonstances, Port-Saïd reste l'une des villes les plus salubres de la Méditerranée.

Outre la ville de Port-Saïd et ses chantiers, la circonscription médicale s'étend jusqu'au delà de Raz-el-Ech. Sur tout ce parcours du canal maritime, se trouvent échelonnées des dragues creusant et élargissant le canal. Ce travail est le même qui se pratique dans la circonscription de Kantara. Jusqu'à présent il ne paraît pas avoir eu d'influence sur la santé.

Kantara. — Je n'ai rien à dire sur cette localité, elle jouit toujours de la plus parfaite santé. Mais ce qui doit être remarqué, ce sont les travaux qui s'exécutent dans sa circonscription. On pourrait la nommer à juste titre la circonscription des lacs. Kantara se trouve placé entre le lac Menzaleh et le lac Ballah, que traverse le canal maritime. Les travaux ont lieu dans l'eau, par le moyen de dragues ou à bras d'hommes, dans des terrains bas et humides.

Nous avons plus d'une fois manifesté nos appréhensions au sujet de la santé des travailleurs, surtout lorsque les premiers travaux ont commencé. Toutes les prévisions, toutes les données scientifiques devaient nous faire redouter les émanations de ces terrains marécageux. La science a eu tort, et le résultat est venu nous démontrer qu'il n'y avait rien à craindre.

L'expérience déjà faite s'est renouvelée cette année, mais sur une plus large échelle et avec une population différente composée en grande partie d'Européens et d'Arabes syriens.

De vastes chantiers de travailleurs ont été installés sur des terres à peine desséchées et presque au niveau de l'eau. Depuis Raz-El-Ech jusqu'à Kantara, on creuse à la main pour élargir le canal, on creuse à la drague pour l'approfondir, et nulle part la santé générale n'a été atteinte.

Les affections qui se sont manifestées ne sortaient pas du cadre des maladies ordinaires. Là où nous pouvions avoir à craindre, la santé a été au contraire excellente.

Mariam-El-Guisr. — Cette circonscription est l'opposé de celle de Kantara. C'est le point le plus élevé de l'isthme ; les travaux s'exécutent soit à sec au moyen de chemins de fer et de wagons, soit dans l'eau au moyen des excavateurs, ce n'est pas de la vase que l'on remue, c'est du sable. A El-Guisr le travail est attaqué sur toute la ligne, les installations sont complètes, tout fonctionne régulièrement, le résultat est certain. Là, comme à Kantara, les travaux n'ont eu aucune action sur la santé, les maladies qui se sont manifestées étaient identiques aux maladies des années precédentes.

Ismaïlia. — Cette circonscription n'a rien présenté de particulier au point de vue de la santé. A part le travail des écluses qui a été terminé au mois d'août de l'année dernière, les autres travaux n'ont été que des travaux d'entretien ou d'installation.

La ville d'Ismaïlia a vu sa population s'accroître d'une manière remarquable ; la partie grecque a plus que triplé. C'est à Ismaïlia que se trouvent installés le gouvernement de l'isthme et la direction générale des travaux.

La salubrité de cette circonscription est, du reste, un fait incontestable et qui ne tend qu'à s'accroître par suite du développement de la végétation.

Serapeum. — Cette circonscription, et surtout la localité du Serapeum, nous avait inspiré, l'année dernière, de vives alarmes par suite d'une épidémie de fièvres typhoïdes due à la situation du campement, et à l'encombrement dans les habitations. Les précautions prises pour assurer la salubrité du campement et des logements ont dissipé toute crainte et ont placé ce chantier au niveau sanitaire des autres localités.

Les travaux qui s'exécutent dans cette circonscription consistent en déblais à sec dans des terrains sablonneux, identiques à ceux du seuil d'El-Guisr. Le Serapeum lui-même est une des parties élevées de l'isthme.

Une portion du canal d'eau douce qui se rend à Suez est comprise dans cette circonscription ; deux écluses ont été construites sur ce canal ; cette année

on a dû faire quelques curages. Je crois que
l'on doit se défier des curages qui ont lieu dans les
terrains imprégnés d'eau douce. Ainsi tandis que les
travaux de creusement et de curage à Port-Saïd,
Kantara, El-Guisr, que les déblais exécutés dans le
canal maritime ne donnent aucune maladie, ceux qui
ont eu lieu dans le canal d'eau douce en fournissent
une certaine quantité. A Ismaïlia et au Serapeum,
beaucoup de malades venaient du canal d'eau douce.

Il est juste d'ajouter que ces travaux de curage
entrepris par des tâcherons étaient exécutés par des
hommes venant on ne sait d'où, et que souvent il a
fallu renvoyer de ces chantiers des vieillards et des
infirmes ; de plus, ces chantiers n'étant pas station-
naires ne pouvaient avoir de bonnes installations. Un
fait remarquable, c'est la disparition de la plupart
des indispositions à la suite de distributions de café.

Chalouf. — Les travaux de terrassements qui ont
eu lieu dans cette circonscription n'avaient été effec-
tués, jusqu'à ce jour, que par des Égyptiens, les
Européens n'avaient été chargés que des construc-
tions et de la surveillance.

Par rapport à la santé qui toujours avait été
bonne, on ne pouvait rien conclure de l'Égyptien à
l'Européen. On ne pouvait même comparer les travaux des seuils d'El-Guisr, et du Serapeum qui se pra-
tiquaient dans des terrains sablonneux, avec ceux
qui s'effectuaient à Chalouf dans des terrains argileux et des dépôts marins de toute nature.

L'expérience a été faite sur une assez large échelle ; je suis convaincu que la cause des maladies ne réside pas dans la nature du terrain ou dans la localité, mais qu'elles sont purement accidentelles.

Suez. — Les travaux du canal maritime sont en activité ; la tranchée est ouverte depuis la mer Rouge et se continue pendant plusieurs kilomètres. Le campement de la dernière section des travaux de canalisation a été établi sur un plateau, vis-à-vis de la ville de Suez et de l'autre côté du chenal du port sur la côte Asie, dans l'endroit appelé la Quarantaine. La position est fort bien choisie et me paraît réunir toutes les conditions désirables de salubrité.

Les travaux de terrassement sont exécutés à la main dans des terrains argileux, souvent humides et par des Arabes. Jusqu'à présent la santé a été parfaite, et à part quelques ophthalmies, quelques diarrhées, on peut dire qu'il n'y a pas eu de malades.

Canal d'eau douce. — Sur un parcours de 28 kilomètres, la Compagnie devait depuis longtemps établir un canal partant d'Abbassié, où doit aboutir le canal arrivant du Caire et venir rejoindre le canal déjà existant à Gassassin. En quelques mois 1,600 hommes, dont la moitié au moins Européens, ont terminé ce canal qui longe le Ouady, ancienne propriété de la Compagnie.

Rien n'a été épargné pour assurer la santé des travailleurs. Des baraques, des tentes les abritaient, les approvisionnèments étaient des plus faciles, l'eau était en abondance, aussi le nombre des malades a-t-il été insignifiant. La santé a été parfaite, ce qui démontre que dans certaines conditions et avec certaines précautions, l'Européen, le Grec surtout, peut facilement remplacer l'Égyptien sur les travaux.

J'ai déjà parlé de la question des approvisionnements et de la difficulté de la surveillance. Si la liberté a ce mauvais côté, elle en présente un autre bien plus avantageux : c'est de procurer l'abondance.

Il n'est plus possible aujourd'hui de se plaindre de la rareté des vivres ; ils sont chers, il est vrai, mais cela tient à ce que tout ce qui concerne la nourriture est d'un prix fort élevé en Egypte.

J'ai dit que le pain était de bonne qualité ; les farines viennent soit du moulin français d'Alexandrie, soit d'Europe. La viande est généralement de meilleure qualité qu'au Caire ou à Alexandrie.

Une amélioration bien sensible s'est fait sentir dans l'alimentation, particulièrement par suite de légumes frais, de salades, etc., que l'on s'est procurés en cultivant, ou que les Arabes apportent de différents endroits. Il s'est établi un véritable commerce maraîcher à Port-Said ; à Ismaïlia, il y a des bazars de légumes. Les Arabes sont industrieux lorsqu'ils y trouvent leur compte ; croirait-on qu'à Ismaïlia, chaque

matin, des laitières arabes portent du lait à domi-
cile et vont dans les rues criant leur lait qui est contenu dans des bouteilles ?

Il y a progrès dans les approvisionnements, bien que les prix se soient maintenus. Toutes les localités n'ont pas été également favorisées ; si Port-Saïd, Ismaïlia, le Seuil et Kantara sont bien approvisionnées, le Serapeum et Chalouf ne jouissent pas du même avantage. Il en est de même de différents campements entre les principales localités. Cela tient à ce que les populations locales étant peu nombreuses, le commerce n'a pas encore eu avantage à s'y établir.

Nous ne parlerons pas de l'eau : comme qualité, on ne s'en occupe plus ; ce que l'on demande c'est la quantité, afin de pouvoir naviguer, fournir les machines et cultiver les jardins.

L'alimentation, cette année, a été meilleure et plus abondante que les années précédentes.

En résumé, la salubrité des campements et des localités s'est maintenue ; les atteintes qui ont pu lui être portées sont dues à des causes générales qui chaque jour tendent à disparaître, ou à des causes spéciales qu'il est facile de détruire. Nous regardons cette position au point de vue de la santé comme très-satisfaisante.

DES MALADIES.

Nous avons déjà signalé les circonstances générales qui ont eu action sur la santé, et qui, par conséquent,

ont produit le plus grand nombre des maldies obser-
vées dans l'isthme. A ces circonstances il faut ajouter
les causes individuelles, telles que l'abus des bois-
sons alcooliques, les excès de toutes sortes, le coucher volontaire en plein air, les refroidissements de
la nuit ou du jour, une mauvaise alimentation, etc.
Ces causes toutes spéciales et que le plus souvent on
aurait pu écarter, ont presque toujours été le principe déterminant des maladies, surtout des diarrhées
et des dyssenteries, qui, cette année, ont été plus faciles à contracter que l'année dernière. Dans la plupart des cas, la maladie aurait pu être évitée ; ce ne
sont pas les avertissements qui ont manqué, mais
comme je l'ai déjà écrit, souvent nous prêchons dou-
blement dans le désert.

L'année dernière le choléra a exercé ses ravages
dans l'isthme. Ordinairement, après les épidémies,
quelles qu'elles soient, il reste, comme nous l'avons
déjà dit, une influence qui se fait sentir pendant quel-
que temps et donne aux maladies un cachet particulier. C'est ce qui est arrivé sur nos chantiers, et c'est
à cette constitution médicale que nous croyons devoir
attribuer le grand nombre de diarrhées et de dyssenteries que nous avons remarquées cette année.
Souvent les dyssenteries ont présenté des symptômes
cholériformes ; mais ce qui a surtout bien caractérisé
l'influence de l'épidémie passée, c'est l'apparition de
fièvres algides dont nous avions été exempts jusqu'ici.
On sait que ces fièvres règnent dans les climats

chauds, surtout dans le Sénégal et sur les bords du Gange. Le Dr Dutroleau, dans son excellent ouvrage sur les maladies des pays chauds, en donne une description parfaite. Ces fièvres ont apparu dans l'isthme vers le mois de janvier, après un violent coup de vent du Sud, et chaque fois qu'elles se sont manifestées c'était surtout après un de ces coups de vent suivi d'un abaissement subit de la température. Quelques cas ont présenté de tels caractères cholériformes que souvent nous nous demandions si ce n'était pas de véritables cas de choléra.

Nous ferons remarquer que le vent du sud est un vent qui vient de la mer Rouge. Tous les cas de fièvre algide ont été isolés, la plupart de ceux qui en ont été atteints se trouvaient dans les plus mauvaises conditions de coucher, de nourriture ; des constitutions usées, des individus commettant des excès, étaient surtout frappés. Aujourd'hui que les vents du sud ont été remplacés par les vents du nord, ces fièvres tendent à disparaître.

Une constitution médicale aussi menaçante devait nécessairement tenir tous les médecins de l'isthme en éveil. Chaque cas de fièvre algide, sa provenance et les conditions qui s'y rapportaient étaient étudiés avec soin ; on se tenait sur ses gardes afin de s'avertir s'il y avait danger de propagation par voie directe ou indirecte, et connaître immédiatement s'il se formait des foyers épidémiques. Nous avons pu constater que chacun des cas était isolé, qu'il n'y avait aucun danger de transmission, aucune crainte d'épidémie.

Une fois cependant nous avons été fortement menacés, non par une épidémie de fièvre algide, mais bien par le choléra lui-même, arrivant encore de la mer Rouge, voie de Suez: c'était au mois de mai. Les nouvelles du pèlerinage étaient bonnes, on n'avait pas observé de choléra à la Mecque, ni à Djedda, et les premiers bateaux revenant de Suez avec les pèlerins étaient arrivés avec patente nette. Le premier retour eut lieu le 7 mai. A dater de ce moment l'état de la santé de Suez fut modifié; la mortalité de la ville, qui est d'un individu environ par jour, allait en augmentant; le 25 il y eut douze décès dans la journée; on constatait plusieurs cas de choléra en ville et jusque sur les bateaux des messageries impériales qui se trouvaient dans la rade. Le 5 juin la mortalité était revenue à son état normal. Les cas de choléra avaient disparu. Pendant cette mortalité inusitée de la ville de Suez et les cas de choléra qui s'y manifestaient, on apprit que cette maladie régnait à Yambo, à Djedda, à Massouah et sur d'autres points de la mer Rouge; qu'à Yambo les cas étaient assez nombreux. Là, se trouvaient réunis quatre mille pèlerins attendant des navires dont, plus tard, ils s'emparèrent de force pour revenir à Suez d'où ils furent repoussés.

L'existence du choléra dans la mer Rouge et parmi les pèlerins était donc un fait bien constaté, il y existait un foyer épidémique. Ce foyer, par suite des vents violents du sud qui ont régné le 14 et le 15, à dû laisser échapper quelques miasmes cholériques qui sont arrivés jusqu'à Suez et jusque dans l'isthme où quelques cas isolés se sont manifestés. A Alexandrie même un cas de choléra eut lieu dans ce moment sur une femme européenne. Heureusement nous en avons été quittes pour la peur. Dans les premiers jours de juin tout était rentré dans son état normal.

Ces faits doivent servir d'enseignement : que ceux qui prétendent arrêter les épidémies en ordonnant des quarantaines contre des cas isolés de choléra, y réfléchissent. Ce sont de petits moyens inutiles et tracassiers ; le choléra isolé n'est pas contagieux, il ne se transmet pas d'individu à individu, et ce qui vient de se passer en est la preuve ; il se forme en foyers d'infection. Que l'on prenne toutes les mesures sanitaires possibles pour empêcher la formation des foyers épidémiques, mais que l'on sache bien qu'une fois formés ces foyers rayonneront, qu'ils pourront se transporter. C'est à eux qu'il faut s'adresser, c'est contre eux qu'il faut froidement prendre des mesures sévères et radicales.

Je parle ici dans l'intérêt de l'Égypte, de l'isthme et de l'Europe, dont la santé peut être encore menacée et dont les intérêts sont identiques.

Quoi qu'il en soit des maladies qui ont régné dans

l'isthme, de l'influence qui leur a donné plus de fréquence et plus de gravité, comparativement aux années antécédentes, la santé publique est encore restée aussi bonne que celle des plus salubres contrées de l'Europe.

SERVICES. — ÉTABLISSEMENTS.

Le service de santé est aujourd'hui complétement installé sur toute la longueur du canal maritime, qui est de 160 kilomètres de la Méditerranée à la mer Rouge. Nous avons divisé ce parcours en sept circonscriptions, selon la nature des travaux, leur importance et les besoins du service.

1re Circonscription, centre Port-Saïd. — Du 1er kilomètre au 30e, trois docteurs en médecine font le service de cette circonscription ; un est affecté à l'hôpital et à la direction du service général ; l'autre au service des malades en ville ; le troisième réside à Raz-el-Ech, campement situé vers le kilomètre 15, et surveille la santé sur les travaux du canal jusqu'au kilomètre 30.

L'hôpital est de quarante lits ; il y a des chambres particulières pour les employés. En cas de besoin, avec le matériel on pourrait installer dix lits en plus. Une pharmacie et des sœurs hospitalières complètent l'organisation.

Par suite de l'augmentation de la population, des arrivages et du commerce, l'hôpital menace d'être insuffisant ; avant peu, je crois qu'il faudra construire de nouvelles salles.

2e *Circonscription*, centre Kantara.— Cette circonscription s'étend du kilomètre 30 au kilomètre 59.
Kantara se trouve au kilomètre 44. Là résident un docteur, un aide-médecin arabe et un pharmacien. L'hôpital, qui vient d'être réorganisé, contient vingt lits,
et avec les annexes en contiendra trente. D'après les
travaux qui doivent être exécutés dans cette circonscription, nous pensons que l'organisation actuelle
pourvoira largement à tous les besoins.

3e *Circonscription*, centre Mariam-d'El-Guisr. —
Cette circonscription comprend la partie connue sous
le nom de Seuil ; elle s'étend du kilomètre 59 au
kilomètre 75, au débouché du canal maritime dans le
lac Timsah. Deux docteurs et un pharmacien suffisent pour le service. L'hôpital vient d'être agrandi et
réparé, le matériel renouvelé. Il contient trente lits
et au besoin quarante.

4e *Circonscription*, centre Ismaïlia.— Le service de
cette circonscription comprend le tour du lac Timsah,
la surveillance des établissements du canal d'eau
douce, surtout depuis Rhamsès jusqu'au kilomètre 7
du canal de Suez ; bien que cette circonscription soit
une des moins étendues, son service est des plus importants. Ismaïlia étant le chef-lieu de l'isthme, les
malades étrangers y affluent. Un docteur, chef du
service, deux médecins, l'un Européen, l'autre Arabe,
un pharmacien et un économe font face à tous les

bescins. Le nouvel hôpital, qui vient d'être terminé, contiendra 34 lits européens, au besoin dix en plus. L'hôpital arabe contient 12 lits. Un économat central pour le matériel a été organisé à Ismaïlia.

5e Circonscription, centre Serapeum. — Cette circonscription s'étend du Gebel Mariam au débouché du canal dans le lac Timsah jusqu'au centre des grands lacs Amers, du 80e au 105e kilomètre, et sur le canal d'eau douce de Suez du 7e kilomètre jusqu'à l'écluse du kilomètre 42.

Deux docteurs, l'un Européen, l'autre Arabe, plus un pharmacien, surveillent la santé. L'hôpital, entièrement terminé, contient 30 lits, au besoin on peut en installer 40. Les bâtiments de cet hôpital, comme ceux d'Ismaïlia, sont séparés et entourés d'un mur de clôture.

6e Circonscription, centre Chalouf. — Le service s'étend sur le canal maritime du kilomètre 105 dans les lacs Amers au kilomètre 150, et de l'écluse 42 du canal d'eau douce au kilomètre 83 où se trouve une section dépendant de Chalouf. Cette circonscription, l'une des plus étendues, nécessitera probablement un aide-médecin en plus lorsque la section des lacs Amers sera constituée. Deux docteurs en médecine et un pharmacien suffisent pour le service. L'hôpital de Chalouf forme un vaste carré avec bâtiments séparés et réunis par des clôtures; il peut contenir 30 lits, au besoin nous pourrions en installer 40.

7e Circonscription, Suez. — La circonscription de Suez comprend les travaux du débouché du canal dans la mer Rouge et ceux des lagunes, depuis le kilomètre 150 jusqu'à la mer. Leur importance sera très-grande surtout si l'on prend en considération les établissements projetés ; c'est la contre-partie de Port-Saïd. Nous avons définitivement constitué le service en prenant possession d'une partie de l'hôpital européen de Suez, où nous avons installé 14 lits ; au besoin nous pourrions en mettre 20. Sur les travaux, près du canal, nous établirons une ambulance de 4 lits. Un docteur, un aide-médecin résidant déjà à l'ambulance provisoire, un pharmacien, assurent le service et surveillent la santé des travailleurs.

Comme on vient de le voir, chaque circonscription a son hôpital, ses médecins et son pharmacien. Le service de l'isthme, sur une étendue de 160 kilomètres, est fait par 12 docteurs en médecine, 4 aides-médecins et 7 pharmaciens. Je ne parle pas du personnel des infirmiers qui peut varier selon le chiffre des malades. Le service de santé, dans ses établissements hospitaliers, a 220 lits installés et peut les porter à 280 ; il peut faire face à tous les besoins même en temps d'épidémie, et, comme on l'a vu l'année dernière, lorsque le choléra a éclaté, bien que notre organisation ne fût pas aussi complète que cette année, nous étions prêts sur tous les points.

Une amélioration importante a été, cette année, introduite dans l'organisation du service de santé, c'est la création d'un économat central au point de vue du matériel.

Jusqu'ici, chaque circonscription avait son approvisionnement en matériel, distinct; il était plus ou moins complet, plus ou moins usé, d'après ses besoins ou d'après le service, selon le nombre des malades. Les réparations étaient souvent difficiles, quelques circonscriptions avaient du matériel en abondance, tandis que d'autres en manquaient, et il n'était pas toujours facile de s'en procurer. Nous avons organisé à Ismaïlia un économat central où tout le matériel neuf et vieux doit être emmagasiné, réparé et distribué selon les besoins. Avec le télégraphe et les moyens faciles de transporter par les canaux, il devient dès lors aisé à une circonscription qui manque d'un objet quelconque de se le procurer ou de le changer à l'économat central. Cette organisation nous a déjà donné les meilleurs résultats et sera une économie pour la Compagnie.

Je n'entrerai pas ici dans les détails du fonctionnement du service de santé. Je dirai seulement que les choses sont organisées de telle manière qu'il n'est pas possible qu'un individu ne reçoive pas les soins du médecin aussitôt qu'il est malade, fût-il même étranger à la Compagnie. Lorsqu'une personne est indisposée, elle peut se rendre à la consultation, qui a lieu deux fois par jour, ou, si elle est alitée, adresser au médecin un bulletin d'avertissement; celui-ci se rend immédiatement au domicile indiqué. Si l'individu malade ne peut être traité à domicile, il est transporté à l'hôpital. Aussi est-ce à la rapidité des soins et à la facilité des consultations, que nous croyons devoir attribuer le peu de gravité de la plupart des maladies dont la marche a été promptement enrayée.

Pour avoir, au surplus, une idée complète de l'organisation générale du service de santé, il suffit de se reporter au règlement en date du 8 juillet 1860, qui constitue le service de santé. Les huit articles qui le composent méritent d'être examinés avec attention, surtout en présence des résultats obtenus. Vous avez voulu, monsieur le président, que le service de santé, relevant administrativement de l'agence supérieure, placé sous les ordres immédiats d'un médecin en chef, fût libre et directement responsable; vous avez reconnu que c'était un moyen certain d'assurer la bonne exécution du service et de garantir la santé dans l'isthme. Son organisation actuelle et son fonctionnement démontrent que ce principe était le meilleur à appliquer.

MÉTÉOROLOGIE.

La météorologie ne nous a rien présenté de particulier, excepté dans la question des vents du sud, dont on a constaté l'influence sur l'aggravation des diarrhées et des dyssenteries, sur l'apparition des cas de fièvre algide et de cas isolés de choléra. Jusqu'ici nous n'avions pas remarqué que le vent du sud eût une action fâcheuse sur les maladies existantes, et qu'il eût donné lieu à des maladies spéciales. Tout au plus produisait-il une excitation nerveuse particulière, ou bien une légère prostration. Cette année il en a été autrement, chaque coup de vent a donné naissance à des phénomènes morbides, inexplicables autrement que par une constitution médicale, suite de l'épidémie de l'année dernière, se manifestant sous l'influence de ce vent, ou bien par des effluves miasmatiques apportées des foyers formés l'année dernière sur le littoral de la mer Rouge et qui ne seraient pas encore dissipés. La preuve, c'est qu'ils se sont renouvelés cette année.

Quant à l'action des causes météorologiques, soit générales, soit particulières, nous les avons déjà signalées dans nos autres rapports ; nous avons dit combien il fallait éviter les variations de température, le froid des nuits, l'humidité, l'action du soleil, etc., etc., causes souvent déterminantes des dyssenteries, des ophthalmies, des affections rhumatismales et des congestions. Nous croyons que les recommandations incessantes du service de santé commencent à être comprises, car nous remarquons que, généralement et quand on le peut, on prend des précautions.

Nous donnons les résumés météorologiques de

Port-Saïd, d'Ismaïlia et de Suez. Nous appelons l'attention sur les différences de température des localités, et surtout sur les différences hygrométriques et barométriques. Il y a là de belles études comparatives à faire au point de vue de la science dans l'intérêt de la santé.

POPULATION.

Il est difficile de connaître le chiffre exact de la population égyptienne qui est excessivement mobile, allant de nos chantiers dans ses villages. Il en est à peu près de même pour la population blanche ou européenne. Les ouvriers, à part ceux qui travaillent dans des ateliers spéciaux, courent les chantiers dans toute l'étendue de l'isthme, passant d'un entrepreneur ou d'un tâcheron à un autre. De plus, les chantiers dans l'intérieur sont souvent mobiles selon la nature des travaux à exécuter, aussi est-il difficile de connaître exactement le chiffre de population d'une section ou d'une division. Ce que l'on sait approximativement, c'est le chiffre des localités et des campements fixes; en les réunissant on arrive à un résultat à peu près certain.

D'après les recherches de chaque médecin dans sa circonscription, le chiffre total de la population de l'isthme serait de 18,865 hommes, femmes et enfants, Européens ou Arabes.

Ce chiffre se décomposerait comme il suit :

Race blanche : Européens, Turcs, Grecs, sédentaires,
hommes...................... 10,500
Id. id. femmes et enfants...... 1,300   11,800
Race arabe : Arabes, fellahs, sé-
dentaires, hommes............ 4,700
Id. id. femmes et enfants...... 1,500   6,200
Population flottante................ 865

Total.......... 18,865

La race blanche ou la population européenne se compose principalement de Grecs pour la moitié au moins ; l'autre moitié est formée par toutes les nationalités, surtout par des Français, des Italiens, des Dalmates, des Monténégrins et des Turcs.

La race arabe ou la population arabe est formée par des fellahs égyptiens et nubiens, par des Arabes syriens, et par des Bedouins des frontières d'Egypte et d'Arabie.

Les Grecs, les Dalmates, les Monténégrins, les fellahs égyptiens, les Arabes syriens sont terrassiers, maçons, dragueurs, etc.; ils font les gros ouvrages. Les plus intelligents parmi eux sont ouvriers d'atelier et chefs d'équipe. Les Français et les Italiens dirigent, surveillent, travaillent dans les bureaux ou dans les ateliers. Chacun se classe selon ses aptitudes, sans distinction de nationalité. Ouvriers et employés ne manquent pas. La question d'hommes, qui un moment pouvait embarrasser, est aujourd'hui entièrement résolue.

La population de l'isthme présente aujourd'hui une résistance certaine aux influences du climat : nous avons conquis le désert à la civilisation, nous arriverons à dominer le climat.

MORTALITÉ.

. La mortalité générale dans l'isthme, Européens et Arabes, hommes, femmes et enfants, a été égale à celle de la France, c'est-à-dire de 2.40 pour cent.

Mortalité du 1ᵉʳ août 1865 au 1ᵉʳ juin 1866.

Race blanche : employés, ouvriers et marchands sédentaires, 201 décès, proportion annuelle .... 2.29 pour cent.

Id. femmes et enfants compris, 239 décès, proportion .... 2.40 id.

Race arabe : ouvriers et autres sédentaires, 87 décès, proportion 2.21 id.

Id. avec femmes et enfants, 124 décès, proportion .... 3.35 id.

Mortalité générale, race blanche et arabe, hommes, femmes et enfants, 363 décès, proportion annuelle...................... 2.41 id.

J'ai signalé plus haut les causes qui avaient porté la mortalité générale dans l'isthme à ce chiffre. Nous sommes d'autant plus certains de leur action que dans les localités où les influences épidémiques de l'année passée se sont peu fait sentir, la mortalité est restée dans les mêmes proportions que l'année dernière : 1.30 pour 100 au lieu de 2.41.

Ainsi, d'après les chiffres, l'isthme serait, pour les Européens, aussi salubre que la France.

Certes on ne peut demander plus, mais le service de santé est plus difficile ; il désire mieux : il veut que l'entreprise du canal de Suez, qui est un acte de civilisation et de progrès, soit aussi une œuvre de salubrité et un exemple de bonne santé.

CONCLUSION.

1° Le climat de l'isthme n'a aucune action, ou peu d'action sur les travailleurs européens du littoral de la Méditerranée, et surtout sur les Grecs lorsqu'ils se trouvent dans de bonnes conditions d'alimentation. Le remplacement du travailleur égyptien ou arabe par l'européen est un fait accompli.

2° Les atteintes portées cette année à la santé publique et particulière ne sont dues ni au climat habituel, ni au sol, mais à des influences, restes de l'épidémie de l'année dernière, qui ont établi une constitution médicale particulière dont les effets se sont manifestés avec plus d'intensité chaque fois que le vent du sud a soufflé.

3° Chaque jour la constitution médicale, due à l'épidémie passée, tend à disparaître, la santé de l'isthme à revenir à son état normal, et la mortalité à 1 pour 100 de moins qu'en France.

4° Dans les localités qui ont échappé l'année dernière aux influences épidémiques, les maladies n'ont été ni plus fréquentes, ni plus graves, et le chiffre de la mortalité, par rapport à la population, a été le même que celui de l'année précédente.

5° En résumé, la salubrité de l'isthme est restée intacte, et la santé égale à celle de la France.

Veuillez agréer, Monsieur le Président, la nouvelle assurance de mon entier dévouement.

Le médecin en chef,

L. AUBERT-ROCHE.

IMPRIMERIE CENTRALE DES CHEMINS DE FER. — A. CHAIX ET Cᵒ, RUE BERGÈRE, 20, PARIS.—752

RÉSUMÉ

des observations météorologiques faites à Port-Saïd par le Dr Zarb, du 1er juin 1865 au 31 mai 1866.

I. — Thermométrie.

MOIS.	MOYENNES					MAXIMA		MINIMA		TEMPÉRATURE
	des maxima.	des minima.	du mois.	thermales au soleil.	des écarts entre les maxim. et minima.	plus hauts.	plus bas.	plus hauts.	plus bas.	MOYENNE DU PÉRIODE
Juin 1865	27.8	21.6	23.9	36.1	5.9	32	26	22	19	Période
Juillet.	31.1	22.7	27.4	36.8	7.2	33	27	23	20	des chaleurs.
Août.	31.9	23.0	26.3	35.4	7.9	35	28	24	21	J. M.
Septembre.	29.8	21.9	25.5	34.0	9.2	33	25	22	18	26, 1°.
Octobre	28.5	21.1	24.8	34.8	8.7	31	23	24	18	Saison tempérée.
Novembre.	26.0	18.0	22.0	30.0	7.5	27	23	20	16	J. M.
Décembre.	18.9	14.6	16.8	21.7	5.8	25	18	16	11	21, 0.
Janvier 1866.	13.8	9.8	13.2	19.8	4.7	22	13	14	10	Période du froid.
Février	17.2	11.2	14.8	21.4	5.3	22	15	14	8	J. M.
Mars.	20.9	14.3	18.0	27.0	6.0	31	23	18	14	14, 9°.
Avril	22.8	17.1	19.6	30.5	7.2	33	24	19	15	Variable.
Mai	24.2	18.5	23.2	35.0	6.5	33	25	20	16	J. M. 21, 1.

II. — Hygrométrie.

MOIS.	MOYENNE.	Plus grand écart.	Plus petit écart.	MOYENNE des écarts.	MOYENNE du période.	Pluie millim.	Rosée grammes	Evaporation de l'eau millim.	Etat hygrométrique	OZONE.	
										Nuit.	Jour.
Juin 1865.	75.4	10	3	6.1		»	45	2.56	68	6.0	6.4
Juillet	78.0	8	3	5.0		»	10	3.72	65	5.9	5.7
Août.	80.9	8	3	5.8	79.5	»	»	3.91	59	7.5	9.0
Septembre	83.7	9	3	6.5		»	25	1.28	64	8.0	8.5
Octobre.	80.9	7	2	3.9		3	60	1.49	62	8.2	8.5
Novembre	85.4	6	2	3.7	83.1	4	120	1.85	65	8.1	8.7
Décembre.	82.9	6	1	3.8		12	»	2.36	60	7.1	6.9
Janvier 1866	80.0	7	2	4.2		58	40	3.40	62	7.9	8.0
Février.	75.4	7	3	6 0	77.2	26	200	2.89	68	8.8	9.1
Mars..	76.2	11	5	7.2		2	150	3.74	69	8.0	8.2
Avril.	79.8	17	4	8.0	81.8	4	40	2.90	58	8.5	7.9
Mai.	3.8	13	4	5.3		5	25	2.31	66	8.1	8.8

III. — Barométrie, etc.

MOIS	BAROMÈTRE			VENTS les PLUS FRÉQUENTS.		HANCIN.	ORAGES.	TEMPÊTES.	BROUILLARDS.	ÉTAT DU CIEL				OBSERVATIONS
	Plus haut.	Plus bas.	Moyenne.							Beau.	1/2 couvert.	Nuageux.	Pluvieux.	
Juin (1865). .	764	757	759.0	N. O.	O. N. O.	2	»	»	»	15	10	4	1	
Juillet. . . .	765	757	759.8	O. N. O.	N. O.	4	»	»	»	19	5	7	0	
Août.	764	756	760.2	N. O.	O. S. O.	1	»	»	»	14	7	10	0	Éclairs, 3 fois.
Septembre. .	763	757	758.9	S. O.	N. O.	1	1	»	1	16	10	4	0	
Octobre . . .	762	757	762.0	N. O.	N. N. O.		»	»	»	13	10	7	1	
Novembre . .	770	758	763.1	N. N. O.	E. N. E.	»	1	»	»	10	10	7	3	Éclairs, 7 fois.
Décembre . .	770	754	761.8	S. O.	N. O.	»	»	1	»	10	12	4	5	
Janvier (1866)	770	756	765.2	S. O.	N. E.	»	2	1	»	16	8	3	4	
Février. . . .	768	755	765.8	S. O.	N. E.	»	2	1	»	11	4	4	9	Éclairs et tonnerre, 1 f.
Mars.	765	758	764.0	N. O.	N. E.	8	1	»	1	16	7	4	4	
Avril	763	756	761.3	N.	N. N. O.	5	1	»	3	19	4	4	3	Éclair, 1 fois.
Mai	765	756	769.9	N.	N. N. E.	4	1	»	2	22	5	2	2	

IV. — Résumé.

PÉRIODE	MOYENNES DU PÉRIODE				VENTS PLUS FRÉQUENTS			ORAGES. HANCIN.	JOURS DE			MOYENNE de malades par jour.	DÉCÈS par période.
	Thermomètre.	Hygromètre.	Baromètre.	Ozone.					Soleil.	1/2 couvert.	Couvert.		
Des chaleurs . .	26.1	79.5	759.5	7.1	N. O.	O. N. O.	S. O.	Hancin. 8	64	32	26	Épidémie du choléra.	
Tempéré.	21.0	83.1	762.3	7.9	N. N. O.	N. O.	N. E.	Orages. 3	33	32	27	8	29
Froid	14.9	77.2	765.0	8.3	S. O.	N. E.	N. O.	Hancin. 8 Orages 3.	43	19	28	10	28
Variable. . . .	21.1	81.8	761.0	8.3	N.	N. N. O.	N. N. E.	Hancin. 9	41	9	11	16	45

OBSERVATIONS MÉTÉOROLOGIQUES

Faites à Ismaïlia, du 1er juin 1865 au 31 mai 1866.

Thermométrie.

MOIS.	MOYENNES			MAXIMA		MINIMA		TEMPÉRATURE MOYENNE DU PÉRIODE.
	des MAXIMA.	des MINIMA.	des MOIS.	plus HAUTS.	plus BAS.	plus HAUTS.	plus BAS.	
Juin 1865............	31	21	26	42	30	28	20	
Juillet.............	33	22	27.3	38	30	26	20	Période des chaleurs :
Août...............	35	23	28.6	40	30	26	20	M. 26°.
Septembre..........	30	21	25.3	35	27	24	18	
Octobre............	29	20	24.3	30	25	25	17	
Novembre..........	25	15	20	29	20	20	10	Saison tempérée M. 19.5
Décembre	21	8	14	25	17	12	5	
Janvier............	19	8	9	23	14	12	5	
Février............	21	11	15.3	28	17	21	6	Période du froid : M. 16.5
Mars..............	26	19	31.6	30	23	22	16	
Avril..............	27	19	22.6	32	25	27	15	Variable :
Mai...............	34	25	28.6	38	31	29	23	M. 26°.

Hygrométrie.

MOIS.	MOYENNES.	Plus GRANDS écarts.	Plus PETITS écarts.	MOYENNE du PÉRIODE.	PLUIE.
Juin 1865	62	40	5		Le 3, pluie pendant quatre minutes; le 4, de 2 heures à 2 heures et demie.
Juillet............	58.6	23	6	58	
Août..............	55.3	31	7		
Septembre.........	60	26	19		
Octobre...........	66.6	34	13		Le 1er, à 4 heures et demie, pluie; à 8 heur. un quart, orage; les 13, 14, 25, pluie.
Novembre.........	66	36	17	67	
Décembre..........	70.6	28	16		10, 11, 29 et 30, pluie.
Janvier 1866........	75	25	12		9, 19, 20, pluie.
Février............	70.6	32	10	69	10, 17, 26, pluie.
Mars.............	64.3	31	10		8, 28, pluie.
Avril.............	59.3	28	9	57	1er, 2, 3, pluie.
Mai...............	56.3	17	8		

Barométrie.

MOIS.	PLUS HAUT.	PLUS BAS.	MOYENNE.	VENTS PLUS FRÉQUENTS		ÉTAT DU CIEL. B.	C.	N.	P.	OBSERVATIONS.
Juin.	756	748	753	N.O.	S.S.E.	26	1	1	2	Le 3, tempête.
Juillet.	757	749	753	N.O.	N.N.O.	21	7	3	»	
Août.	760	751	755	N.O.	S.O.	28	3	»	»	
Septembre.	762	750	755	N.E.	N.O.	29	1	»	»	
Octobre	759	751	753	N.	N.N.O.	28	2	9	»	
Novembre	761	750	754	N.O.	N.E.	19	4	3	4	Le 22, tempête.
Décembre.	760	751	755	N.	N.O.	23	4	»	4	
Janvier	761	750	756	S.O.	N.O.	25	3	»	3	Le 8 et le 20, tempête.
Février	758	752	753	N.N.O.	S.O.	21	4	»	3	
Mars.	758	751	753	N.N.O.	N.N.E.	26	3	»	2	
Avril.	759	749	754	N.	N.N.O.	27	»	»	3	Le 17, ouragan.
Mai	758	751	754	N.	N.N.E.	30	1	.	»	Le 19, ouragan.

Résumé.

PÉRIODE	MOYENNE DU PÉRIODE. THERMO-MÈTRE.	HYDRO-MÈTRE.	BAROMÈTRE	VENTS PLUS FRÉQUENTS.			JOURS de SOLEIL.	COUVERTS.
Des chaleurs	26	58	754	N.O.	S.O.	N.E.	104	18
Tempéré	19.5	67	754	N.	N.O.	N.N.O.	70	22
Froid.	16.5	69	754	S.O.	N.N.O.	N.E.	72	18
Variable	26	57	754	N.	N.N.O.	N.N.E.	57	4

Résumé des Observations météorologiques à Suez.

L'Observatoire est placé dans le Bureau du Télégraphe de la Compagnie du Canal de Suez.

DATES	THERMOMÈTRE				BAROMÈTRE				OBSERVATIONS
	MOYENNE			MOYENNE	MOYENNE			MOYENNE	
	Matin 6 heures.	Midi 12 heures.	Soir 6 heures.	du mois.	Matin 6 heures.	Midi 12 heures.	Soir 6 heures.	du mois.	
Juin (1865)	763.1	763.2	762.1	762.7	28	31	29	29 1/3	
Juillet. . . .	760.8	760.8	760.9	760.8	30	33	31	31 1/3	
Août. . . .	761.1	760.7	760.1	760.0	30	34	33	32 1/3	
Septembre. . . .	763.6	763.2	762.3	763.»	25	27	28	26 2/3	
Octobre	764.1	764.6	764.1	764.3	24	28	30	27 1/3	
Novembre	764.4	764.»	763.9	764.4	19	22	22	21	
Décembre	766.2	766.1	766.1	766.1	13	17	17	15 2/3	
Janvier (1866) . .	764.2	763.5	763.7	763.7	11 1/2	16 1/2	16	14 2/3	
Février	765.»	765.1	765.1	765.1	13 1/2	17	16	15 1/3	
Mars.	766.»	765.7	765.3	765.7	18	22 1/2	21	20 1/2	
Avril.	765.2	765.2	765.2	765.2	17	24	20	20 1/3	
Mai	763.2	764.6	761.2	863.»	22	31	26	26 1/3	

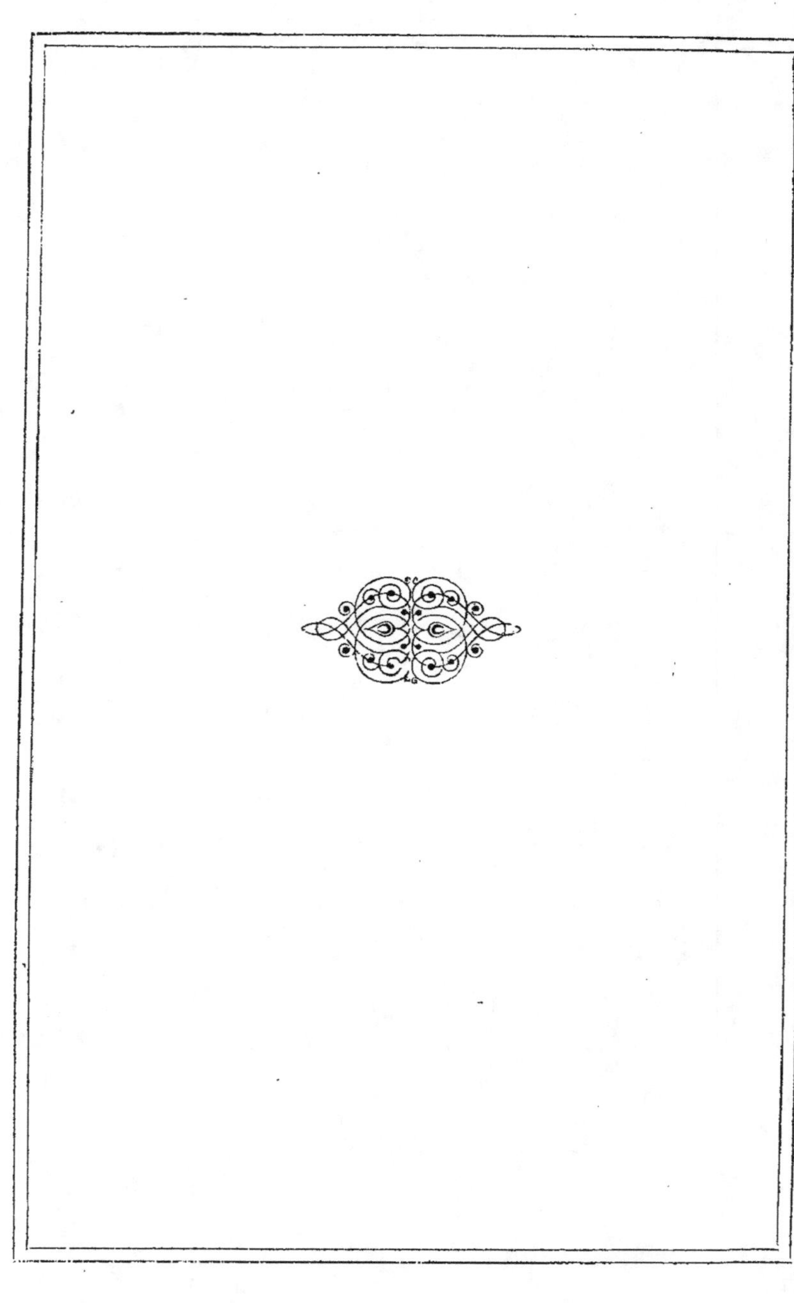